阿拉丁少年
动物百科

[英]亨利·普拉克罗斯◎编著　[英]莫里斯·威尔逊◎绘　田园◎译

北京日报出版社

图书在版编目（ＣＩＰ）数据

阿拉丁少年动物百科 /（英）亨利·普拉克罗斯编著；
（英）莫里斯·威尔逊绘；田园译 . -- 北京：北京日报
出版社，2023.3
　　ISBN 978-7-5477-4207-5

　　Ⅰ . ①阿… Ⅱ . ①亨… ②莫… ③田… Ⅲ . ①动物—
少年读物 Ⅳ . ① Q95-49

中国版本图书馆 CIP 数据核字 (2021) 第 256951 号

北京版权保护中心外国图书合同登记号：01-2022-0192

Small World

Text by Henry Pluckrose

Illustrations by Maurice Wilson

Aladdin Books Limited

Copyright © Aladdin Books 2021

An Aladdin Book

Designed and directed by Aladdin Books Ltd.

PO Box 53987

London SW15 2SF

England

阿拉丁少年动物百科

出版发行：	北京日报出版社
地　　址：	北京市东城区东单三条8-16号东方广场东配楼四层
邮　　编：	100005
电　　话：	发行部：（010）65255876
	总编室：（010）65252135
责任编辑：	姜程程
印　　刷：	湖南天闻新华印务有限公司
经　　销：	各地新华书店
版　　次：	2023 年 3 月第 1 版
	2023 年 3 月第 1 次印刷
开　　本：	889 毫米 ×1194 毫米　1/20
印　　张：	13.6
字　　数：	220 千字
定　　价：	138.00 元

目 录

大 象

科学家们将大象家族的历史追溯到了史前时代。目前发现最古老的大象叫始祖象，人们在埃及发现了它的化石，它既没有象牙也没有象鼻。

许多其他种类的大象也已经灭绝了。下图里的这些大象今天都已经灭绝了。

始祖象

古乳齿象

剑齿象

铲齿象

哥伦比亚猛犸象

非洲象生活在非洲的森林中和草原上。

印度象生活在印度和远东的雨林里。

大象是体型最大的陆地动物。它比犀牛大，但不如长颈鹿高。

长颈鹿

犀牛

非洲象

印度象

你可以通过一对大耳朵来分辨出非洲象。印度象的耳朵比非洲象小，体型也不如非洲象大。

大象过着群居生活，每个象群由几个家庭组成。

一个家庭由一头老年雌象、它的女儿和孙女以及它们的孩子们组成。

每个象群附近都围绕着一些年轻的雄象。

　　母象被称为"雌象"，公象被称为"雄象"。

　　非洲象群一般由一头年长的雌象、一头年纪较轻的雌象和一头最强壮的雄象领导。

　　印度象群只由最年长的雌象领导。

大象的长鼻子相当有用。

它可以用来够到树上高处的嫩叶或剥去树皮。

大象可以用长鼻吸进水，然后喷到嘴里喝，或者给自己洗个澡。

长鼻也是大象的呼吸器官。

小象刚开始不会用长鼻喝水，它不得不用嘴喝水。

以枝叶为食的非洲象。

大象很喜欢水。而且，它们也需要喝大量的水。

它们喜欢用长鼻给自己沐浴或喷水，这样能帮助它们在炎热的天气里保持凉爽。

这些大象正在洗"泥巴浴"。它们使全身沾满泥浆，这样能降温解暑，还能防止蚊虫叮咬。

刚出生的小象很难自己用脚站稳。

但它必须快速学会行走，因为象群总是到处游走以寻找食物。

小象非常依赖母亲，母亲用乳汁喂养它，并保护它不受狮子和老虎等危险敌人的伤害。

一只小象迈出了它的第一步。

雌象至少要哺乳小象 4 年。

有时它必须同时哺育 2 头小象。

雌象负责看管小象，并教给它们象群的规则。

各个年龄段的小象们在一起玩耍，有时它们会假装打架。

　　尽管大象能够杀死其他动物和人类，但它们通常不是好斗的动物。

　　如果它们觉得受到了威胁，就会攻击入侵者，不论是动物还是人类。

　　不过它们常常只是假装发起进攻。

　　而雄象们的互相争斗，则用以决定谁是象群的领导者。

当雄象发起进攻时，它会把象鼻缩进象牙间，以防在战斗中受伤。

　　大象是相当聪明的动物。

　　它们似乎明白如果一头受伤或生病的大象倒在地上，不能进食，就可能会死去。这时，它们会尽力帮助受伤的大象站起来。

　　如果有一头大象不能行走了，象群不会抛弃它，它的孩子和其他亲人会一起帮助它。

　　如果它死去了，其他的大象会一连好几天都守在它的尸体旁。

几个世纪以来，印度象一直被训练来帮助人类工作。

这些印度象不是圈养的。

它们是从丛林中的野生象群里被捕获并驯服的。每头帮助人类工作的大象都有一个饲养员和一个驯象人，他们通常和大象生活在一起。

如今世界上的大象比以前少多了。

人们将大象保护起来，使它们免受那些为了获取象牙而捕杀大象的猎人的伤害。

但是，随着越来越多的土地被用于耕种，能为大象提供食物的森林和草原也越来越少。

一个保护大象免于灭绝的方法就是把它们安置在自然保护区中，在那里它们能像过去一样生活在象群家族中。

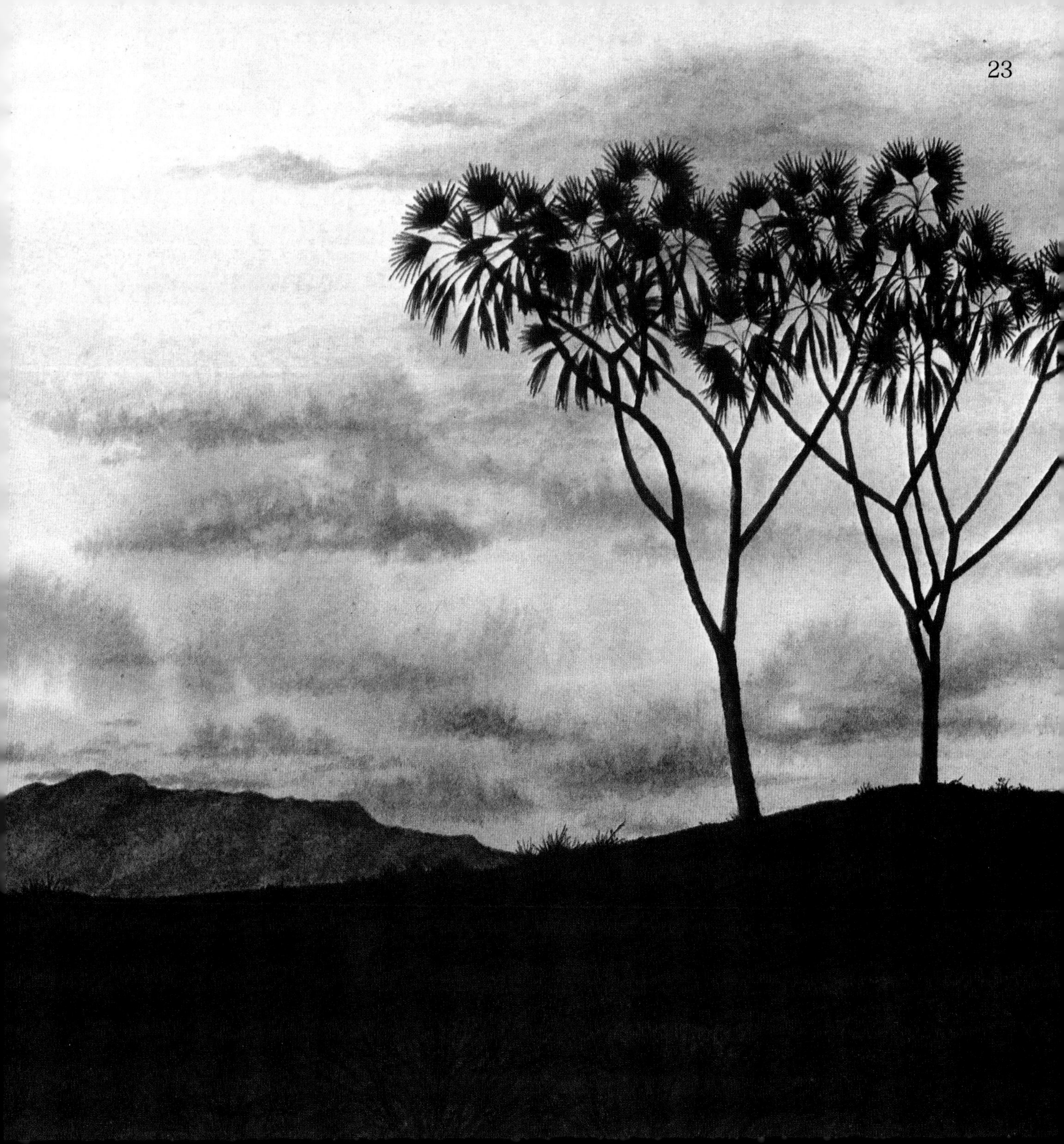

　　今天，除了自然保护区，大象在其他任何地方都不常见。

　　如果我们今后只能在动物园里见到大象，那可真是太悲哀了。

狮子与老虎

老虎

猫科家族最大的 2 种动物是狮子和老虎。

狮子较常见，老虎却越来越少了。

狮子主要生活在非洲，老虎主要生活在亚洲。

狮子

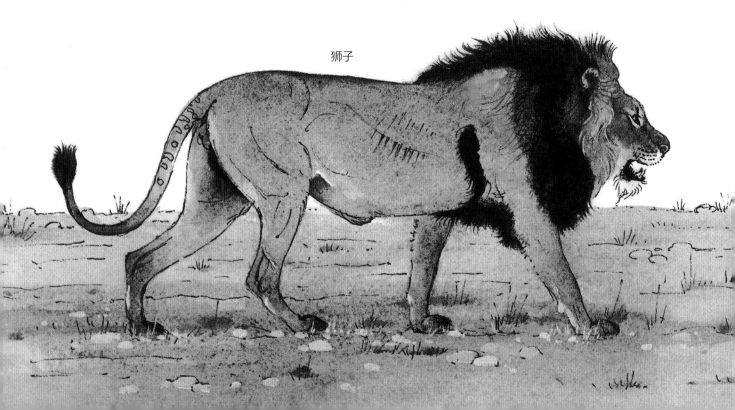

本页所列的动物来自世界不同的地方，但它们都属于同一个家族——猫科。

所有的猫科动物都有一个共同点——它们都是捕猎者和食肉动物。

猫科动物可能是像狮子一样的大型动物，也可能是像我们的宠物猫一样的小型动物。

狮子、老虎、花豹和美洲豹都是大型猫科动物。

这里有 4 只来自世界各地的猫科动物，它们都有带斑点图案的皮毛。

花豹

猎豹

美洲豹

雪豹

为了生存，野生猫科动物需要靠猎杀来获取食物。

猫科动物的眼睛在它们的头部正前方，当它们要跳到猎物身上时，它们的眼睛可以准确地判断距离。

它们的视力即使在昏暗的光线下也很好，它们的听力也很出众。

鬣狗

猫科动物有强壮的肌肉，善于奔跑和跳跃；有锋利的牙齿和爪子用来抓咬和撕扯。

它们非常善于捕捉猎物。

这群狮子正在吃一匹斑马，而鬣狗正在后面等待残羹剩饭。

狮子

老虎全身布满条纹图案，使它们能与林间灌木融为一体。

母狮子蹲下来跟踪猎物。它金色的"外套"使其和草原上的草融为一体。

许多大型猫科动物的皮毛使它们能与周围的环境融合在一起。

这样既能保护幼崽不被敌人发现，又能在捕猎时悄悄靠近猎物。

猫科动物脚底有柔软的肉垫，它们可以悄无声息地移动。

它们的胡须帮助自己避开可能会折断或沙沙作响的树枝树叶，以免吓跑猎物。

狮子多数生活在非洲中部和南部，印度也有少量狮子。

狮子是群居的动物，生活在一个叫作狮群的大家庭中。

通常一个狮群由 20 只雌狮、5 只幼狮和 4 只雄狮组成。

狮子生活在开阔的草原上，那里几乎没有可供藏身的地方。

狮子会成群结队地狩猎，这样更容易伏击和猎杀快速移动的斑马、非洲野水牛和羚羊。

　　雄狮通常会让更为矫健轻快的雌狮去狩猎，
而它的主要任务是保护狮群不受任何敌人的威胁。

　　它会赶走任何试图占领自己领地的狮子。

　　雌狮会为狮群捕猎并照顾幼崽。

雌狮

雄狮

雌狮准备好要产幼崽时，会离开狮群，独自
产下幼崽。

在离开期间，它需要独自打猎。

它把幼崽藏得很好，不让花豹、鬣狗和其他
会伤害幼崽的狮子看见。如果有危险，雌狮可能
会带幼崽去一个新的藏身处。

狮子幼崽出生时很柔弱。

它们年幼的时候身上会有斑点图案，因此在母亲外出打猎的时候，其他动物很难在其藏身的灌木丛中看到它们。

有时，狮群中的其他雌狮会帮助保护幼崽或与雌狮分享猎物。

当幼崽6周大的时候，雌狮会带着它们回到狮群中。

与狮子不同，老虎是独自生活和狩猎的。

老虎主要分布在印度、远东、俄罗斯和中国的森林中。

它们没有以前那样常见了。

老虎以鹿、野猪、牛甚至鱼和爬行动物为食。

俄罗斯和中国北部的老虎有厚厚的皮毛以抵御寒冷的天气。

生活在炎热地区的老虎皮毛颜色则较深。

西伯利亚虎
（冷）

苏门答腊虎
（热）

印度虎
（热）

里海虎
（热）

除了印度虎以外，所有的老虎都很稀少。里海虎已经灭绝了。

人们过去常常为了得到漂亮的皮毛而射杀老虎。这也是它们现在如此罕见的一个原因。

西伯利亚虎体型最大，苏门答腊虎体型最小。

老虎通常晚上狩猎，白天在凉爽的地方休息。

非洲和亚洲都有花豹。

它们在树上筑窝，大部分时间都在树上度过。

花豹常常从树上跳下，捕猎毫无防备的猎物。

它们把猎物拖到树上吃，或者存放在食腐动物够不着的地方，以备日后食用。

夏天，豹子捕猎山羊和鹿；
冬天，它们可能会袭击农民的
羊群。

黑豹是花豹的一个变种，它们的皮毛太黑，上面的斑点几乎看不见。

它们可以很好地隐藏在东南亚的阴暗雨林中。

雪豹主要生活在亚洲中部的山区。

黑豹

雪豹

雪豹能跳过峡谷去追逐猎物。

美洲豹生活在中美洲和南美洲。

它们是大型猫科动物中第 3 大的动物，
身上的斑点非常像花豹。

它们猎杀像鹿和貘之类的哺乳动物。

美洲豹

　　只有必要的时候，大型猫科动物才会去游泳，但美洲豹喜欢水。

　　它们经常潜入池塘和溪流捕鱼。

黑色美洲豹

美洲豹

猎豹跑得比世界上任何动物都快。

猎豹不是很强壮，所以它们只能在短距离内以最快的速度奔跑。

它们喜欢挑选虚弱或受伤的动物当目标，这样就有更大的机会迅速追上猎物。

　　猎豹有时会组成小群体生活，但雌豹总是独自抚养幼崽。

　　它守护着家人，为它们捕猎。

　　当幼崽长大后，雌豹会教它们如何捕猎。

　　猎豹幼崽的背上有长长的浅色鬃毛，有助于它们在草原藏身。

许多大型猫科动物变得越来越稀有。

我们需努力保护它们不致灭绝。

动物园、野生动物保护区和野生动物园可以保护濒危物种。

熊

亚洲黑熊

美洲黑熊

印度懒熊

棕熊

北极熊

在这里你可以看到 7 种不同类型的熊的图片，
它们仍然生活在野外。

大熊猫虽然长得像熊，但不是熊家族的一员，
它和浣熊有亲戚关系，小熊猫也和浣熊有亲戚关系。

马来熊

眼镜熊

浣熊

小熊猫

大熊猫

52

灰熊

棕熊主要分布在美洲、欧洲和亚洲。

不是所有棕熊都是棕色的。

有些棕熊是奶油色的，有些是浅棕色的，有些则和冰川黑熊一样几乎是黑色的。

来自阿拉斯加的科迪亚克岛棕熊是最大的棕熊。

来自北美的灰熊可能是最凶猛的熊。

下图是几种不同的棕熊。

科迪亚克岛棕熊

冰川黑熊

叙利亚棕熊

喜马拉雅棕熊

棕熊

在一些寒冷的地区，熊在整个冬天都会冬眠。

它们找到一个洞或洞穴，这称为巢穴，然后到里面睡觉。

熊宝宝被称为幼崽，它们通常出生在 1~3 月、妈妈冬眠的巢穴里。

母熊和幼崽通常在春天离开巢穴。

巢穴里的母熊和幼崽。

幼崽们在一起玩耍，它们的妈妈
待在不远处。

熊几乎什么都吃。

科迪亚克岛棕熊很擅长捕鱼。

它们正在捕鲑鱼，并将捕到的鲑鱼喂给幼崽吃。

黑熊生活在北美的森林里。

它们的体型比棕熊小得多。

黑熊很淘气，经常从露营者和野餐者那里偷食物。

它们喜欢吃甜的东西。

美洲黑熊

人们在亚洲的山林中也发现过黑熊。

它们叫亚洲黑熊，因为胸前有一个白色的新月状印记，有时被称为月亮熊。

虽然它们主要以水果和蔬菜为食，但也会吃抓到的一些动物。

亚洲黑熊

熊非常喜欢吃蜂蜜。

这只黑熊正在掏一个野生蜜蜂窝。虽然它被蜇了，但它似乎并不在意。

黑熊

黑熊

辛纳蒙黑熊

熊是优秀的攀登者，这些小熊正坐在一棵松树上。

这些熊都生活在气候温暖的地区。来自南美的眼镜熊只吃植物。

雌性印度懒熊喜欢吃白蚁类的小昆虫，它用有力的爪子把白蚁从巢穴里挖出来。懒熊妈妈经常背着小懒熊到处跑。

眼镜熊

懒熊

生活在东南亚的马来熊是世界上最小的熊。

它们喜欢吃水果，擅长爬树。

马来熊

北极熊生活在北极。

一年中的大部分时间，北极的陆地和海洋都被冰雪覆盖。

北极熊喜欢吃在北极短暂的夏季生长的水果和浆果，但在一年的大部分时间里，它们都吃肉。

北极熊捕食海豹。

它们的毛发在阳光下是雪白的，在冰雪的映衬下很难发现它们。

北极熊也是优秀的游泳运动员。它们能在海里游很长时间，经常栖息在浮冰上。

这只雌性北极熊抓到一只小海豹给它的幼崽吃。

雌性北极熊会保护幼熊不受雄性北极熊的伤害。

如果雄性北极熊抓住了幼熊，它会吃掉它们。

北极熊不群居。

这些幼崽和它们的母亲待在一起，直到它们长大到可以独自捕猎为止。

小熊猫

小熊猫生活在亚洲西部的山林中，它们吃水果、树叶、蛋和昆虫。

大熊猫生活在中国中部的竹林里。

它们几乎全部以竹子为食。

它们的每一只前爪都有一块特殊的骨头，就像一根额外的手指，帮助它们抓住竹子。

大熊猫

大熊猫和幼崽

棕熊幼崽

你可以在动物园和野生动物保护区找到大多数种类的熊。

只有极少数动物园里有大熊猫，因为它们很稀有，而且被圈养的大熊猫产崽率并不高。

棕熊

熊不像以前那么常见了。动物园和野生动物保护区在保护动物免受猎杀和防止它们灭绝方面发挥着重要作用。

马

这匹马站着吃食物。

它的牙齿能把草磨成浆。

马家族的成员包括斑马、野驴和驴，还有马和小型马。

所有马家族的成员都吃草，它们是食草动物。

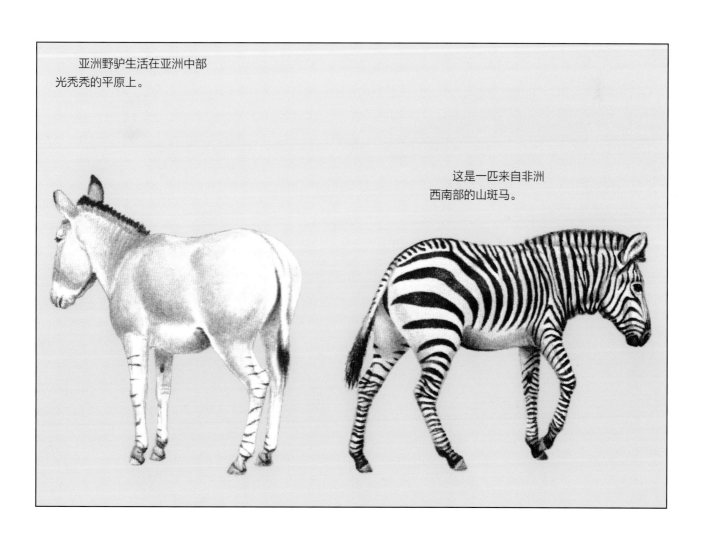

亚洲野驴生活在亚洲中部光秃秃的平原上。

这是一匹来自非洲西南部的山斑马。

从前所有的马都是野生的。

它们在亚洲的草原上成群结队地生活。

这张图中的马是现今地球上最后为数不
多的野马。

它们是普氏野马，数量非常稀少，
大多数生活在动物园里。

在北美，有些马曾经被人类驯服过，后来它们逃回野外，又变回了野马。

这就是北美野马。

再到后来，印第安人为了骑马，又开始抓捕并驯服它们。

斑马是另一种野马。

它们的条纹皮毛使它们看起来与马家族的
其他成员很不一样。

它们成群结队地生活在非洲草原上。

斑马有许多不同的种类。

你可能会认为斑马黑白相间的条纹会使它们很容易被发现。

但在非洲明亮的阳光下，这种鲜明的图案却有助于它们躲避敌人。

斑马像所有的野马一样群居。马群为了寻找草场，会穿过草原。

斑马是狮子的猎物。

它们体型太大了，无法在狮子眼前把自己藏起来，必须要跑得很快才能逃离。

并非所有的斑马都能逃走。

年幼的、年老的、生病的或受伤的
斑马常常会成为狮子的猎物。

野驴生活在非洲、阿拉伯和亚洲的沙漠中。

它们也以群体为单位生活。

现在它们非常稀有。

野驴耐力极强，步伐稳健，因为它们生活在土地崎岖和多岩石的地区。

那里土壤贫瘠，几乎没有植物生长。

水也极为稀缺，有时野驴们不得不好几天不喝水。

非洲野驴是已被我们驯服的驴的祖先。

驴仍然在世界各地为人类工作。

许多国家还在用驴拉手推车、搬运货物或是用于骑行。

它们也是不错的宠物，但有时它们会很固执！

马最初是由生活在亚洲草原上的人驯服的。

这些人的后代仍和他们的马群住在那里。

他们把马当作交通工具或用来搬运重物。

他们会挤母马的奶饮用，还会吃马肉、使用马皮。

就像图里的马这样，几世纪以来，商人们一直用马把货物从一个城镇运到另一个城镇。

今天，被驯服的马生活在世界各地。

过去，它们多用于拉车和犁地，现在主要用于骑乘。

马有许多不同的种类。

阿拉伯马是其中最古老、最敏捷的一种。

大多数赛马都有一些阿拉伯马的血统。

一匹漂亮的灰色阿拉伯马和一匹
棕色的有阿拉伯马血统的赛马。

　　牧民每年都会把野生小型马围捕起来一次，然后从中选出一部分集中驯养。

　　图中一位牧民正在驯养一匹小型马。

　　它必须学会戴缰绳和马笼头，以及负载骑在自己背上的人。

小型马生活在崎岖的陆地和山区等半野
生环境中，那里的生活相当艰难。

如今，小型马主要用于骑乘，它们曾经做过各种各样的工作。

小型马身强体壮，在汽车发明之前，它们是唯一一种有足够的力量、在道路不平的山丘上平稳搬运货物的动物。

小型马很受欢迎，因为它很小，
小孩子可以安全地骑在它身上。

小型马也可以用来拉小车或者帮
助人们工作。

因为人类占用了不少土地，所以野马和小型马生活的地方越来越少。

野马群也变得越来越小。

但是已被驯服的小型马、马和驴是人类的朋友，有着光明的未来。

在野外自由奔跑的马。

鸟 类

所有鸟类都有一个共同点：长有羽毛。

羽毛使鸟类区别于其他动物。

布谷鸟

这些鸟在欧洲都很常见，它们住在林地和树篱里。

有些鸟吃坚果、种子和浆果；另一些鸟吃昆虫和小动物，比如老鼠和鼩鼱。

啄木鸟和普通鸭会用尖喙敲打树干，寻找昆虫。

在远处，你可以听到它们敲打树干的声音。有些鸟，如柳莺，在靠近地面的地方筑巢；另一些鸟则在灌木丛中和灌木上筑巢。

啄木鸟在树干上打洞生蛋。

布谷鸟把蛋产在其他鸟的巢里。小布谷鸟被孵化出来后会把鸟巢里的其他未孵化的蛋和雏鸟推出去。

柳莺

大斑啄木鸟

旋木雀

松鸦

普通鸭

苍头燕雀

欧歌鸫

鹪鹩

煤山雀

灰林鸮

猫头鹰在夜间捕猎，它们的听觉和视觉都很好，即使在最黑暗的夜晚，它们也能找到猎物。

一只老鼠发出的最轻微的沙沙声就会告诉猫头鹰它的所在地。

猫头鹰全身都有柔软的羽毛，飞翔时的声音很轻。

仓鸮

灰林鸮

红角鸮

雕鸮

鹗

猛禽是非常优秀的猎手。它们有强劲的爪子，可以用来捕猎动物和鱼类。

有些猛禽甚至会猎食其他鸟类。

它们用弯曲的喙把食物撕成碎片。

鹗，也叫鱼鹰，它们特别会捕鱼，
它们爪子的形状非常适合抓住鱼。

一只正在捕捉冠蓝鸦的游隼。

当猛禽发现一只小动物时，会迅速地扑向它。

下一页图中的角雕是世界上体型最大的鹰之一，生活在南美丛林。它能捕捉体积相当大的动物，比如猴子。

普通鵟

猛禽的视力很好，能从高空发现体积很小的动物。

普通鵟比鹰小得多。

右图这只普通鵟正在捕捉一只兔子。

角雕

鹈鹕

年幼的鹈鹕从父母口中获得已
嚼碎的食物。

信天翁在陆地上笨手笨脚，
却能在空中飞行。它们不扇动
翅膀就可以滑翔很远的距离。

信天翁

有些鸟大部分时间都在海上度过，只在陆地上筑巢。
军舰鸟可以翱翔好几个小时。它们很少下水，但会从水面
捕鱼或从其他鸟类那里抢鱼。

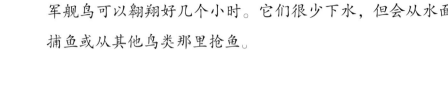

雄性军舰鸟会鼓起喉咙上的红色喉囊
来吸引雌性。

雄性军舰鸟

许多生活在开阔平原上的鸟很少飞行，有些体型大的鸟根本不会飞。

这些鸟的腿长而有力，能很快地逃离敌人的追捕。

生活在沙漠中的鸟羽毛颜色暗淡，很难被发现。

鸨

美洲鸵鸟

乳色走鸻

石鸻

黑胸麦鸡

沙鸡

鸵鸟是世界上最大的鸟。雄性鸵鸟个头比人还高。鸵鸟生活在非洲中部干燥、开阔的地区，一般 10~50 只鸵鸟成群地生活。它们的腿非常有力，遇到危险时可以用腿踢开敌人。

企鹅在南极群居生活。它们不会飞，但擅长游泳，它们的翅膀已经演化成了鳍状肢。

成年企鹅长有坚硬、紧密的羽毛，帮助它们抵御严寒。

通常多数成年企鹅去海里觅食时，会留下几只去照顾小企鹅。

这些小帝企鹅长着蓬松的羽毛。

在北极的雪地上很难看到雪鸮，因为它们的
羽毛是白色的。

它们以旅鼠、北极野兔、老鼠和鸟类为食，
比如岩雷鸟。

雪鸮

这里有一些在热带森林中生活的五颜
六色的鸟。

极乐鸟

鵎鵼

短尾鸫

金刚鹦鹉

长尾鹦鹉

翠鸟

蜜旋木雀

蜂鸟

许多生活在热带森林中的鸟都有鲜艳的羽毛。

极乐鸟是最美丽的鸟之一，它们主要生活在新几内亚的森林里。雄性极乐鸟会用奇妙的表演来吸引羽毛颜色较暗的雌鸟。许多热带鸟类会发出刺耳的尖叫声，它们的声音和长相很不相符。

鹦鹉

雄性极乐鸟在树枝上跳舞来吸引雌鸟。

野生虎皮鹦鹉是绿色的，但家养虎皮鹦鹉可能是蓝色、白色或黄色的。

人们在墨西哥和中美洲的雨林中发现了凤尾绿咬鹃。

阿兹特克和玛雅印第安人过去把它们当作空中之神来崇拜。

凤尾绿咬鹃的颜色是非常明亮的绿色，它们能很好地隐藏在茂密的丛林里。它们的羽毛非常柔软蓬松。雌鸟不如雄鸟颜色绚丽，也没有长长的尾羽。

在繁殖季节，雄性凤尾绿
咬鹃会额外长出特别长的尾羽。

雄性凤尾绿咬鹃

眼斑吐绶鸡

眼斑吐绶鸡主要生活在墨西哥。它
展开尾巴，展示羽毛上美丽的图案。

戴菊是一种非常小的鸟类。在美国
有一种与它们非常相似的鸟叫金冠戴菊。

戴菊的巢通常筑在冷杉树枝上，由
苔藓、蜘蛛网和羽毛做成，悬挂在树上。

戴菊

蜂鸟又小又闪亮，看起来就像美丽的宝石。

它们可以横着飞，甚至向后飞。蜂鸟的名字来源于它们快速拍打翅膀时发出的嗡嗡声。它们在花朵前盘旋，以花蜜和小虫子为食。

蜂鸟

鹤

　　许多鸟类，如燕子，在一个地方繁殖，但是在冬天它们要迁徙到温暖的地区。它们是如何知道该在什么时候迁徙到哪里的？这至今还是个谜，但是每年它们都会迁徙。北极燕鸥可以在 6 周内绕着地球飞行半圈——比其他任何候鸟的飞行距离都要长。

蝴蝶与飞蛾

在温暖的夏天，你可以在公园里
看到图中的一些蝴蝶。

白钩蛱蝶

优红蛱蝶

荨麻蛱蝶

它们以花朵中的花蜜为食。

花蜜就像糖一样甜。

孔雀蛱蝶

白钩蛱蝶

　　这里是一些飞蛾，它们只在晚上飞行。飞蛾也以花蜜为食。你可以通过它们的翅膀来区分飞蛾和蝴蝶。飞蛾停留时通常会把翅膀平展开，而蝴蝶通常把翅膀并拢叠在身体上方。

　　蝙蝠经常捕食飞蛾。

停留中的蝴蝶

停留中的飞蛾

蝴蝶和飞蛾不是一出生就是成虫的形态。

它们由母亲在叶子或茎上产的卵发育而来。

这些卵一开始会孵化成毛毛虫。

蝴蝶在产卵。

卵孵化成毛毛虫。

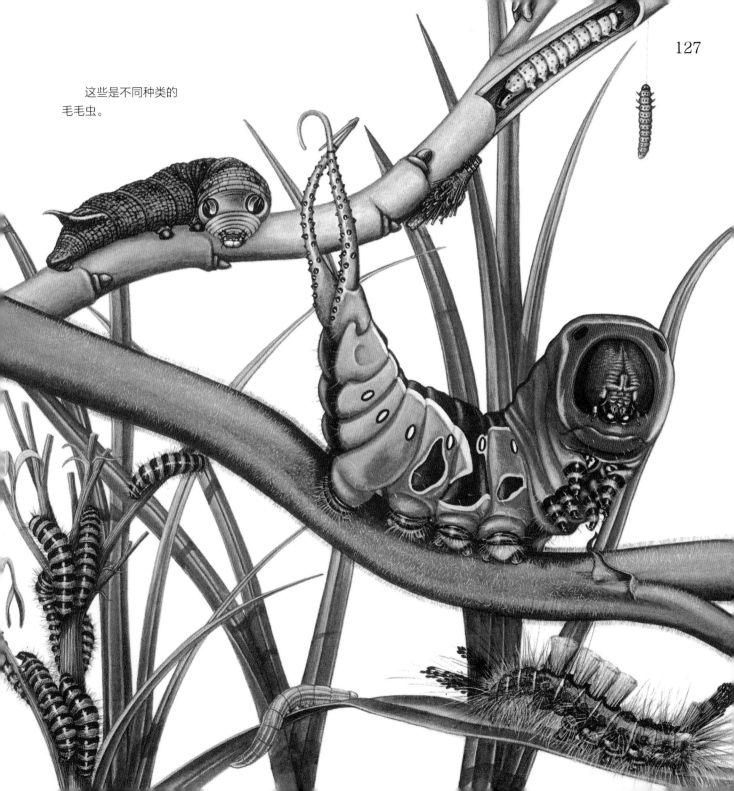

这些是不同种类的
毛毛虫。

大多数毛毛虫吃树叶，但是有些喜欢和我们吃一样的东西。

右图这条毛毛虫正在吃苹果。毛毛虫本身也会被吃掉，主要是被鸟类吃掉，所以只有很少数量的毛毛虫能变成蝴蝶或飞蛾。

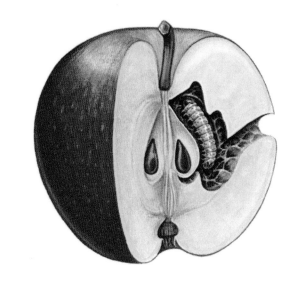

一只正在吃毛毛虫的鸟。

毛毛虫长大后，会找到一个安静的地方变成蛹。

这意味着它柔软的皮肤会变成坚硬的外壳，将不能移动。

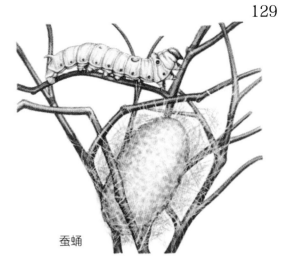

蚕蛹

正在生长的毛毛虫（1、2、3、4）

正在变成蛹（5）

蛹（6）

蛹里面的毛毛虫会发生变化。

有一天，蛹坚硬的外壳会裂开，外形看起来跟它们的父母一样的飞蛾或蝴蝶会破茧而出。

刚出来时，它们的翅膀非常潮湿，满是皱褶，不能立刻飞翔，但很快翅膀就会变干、硬化，当翅膀完全舒展开，它们就能够飞走了。

从蛹里出来的燕尾蝶。

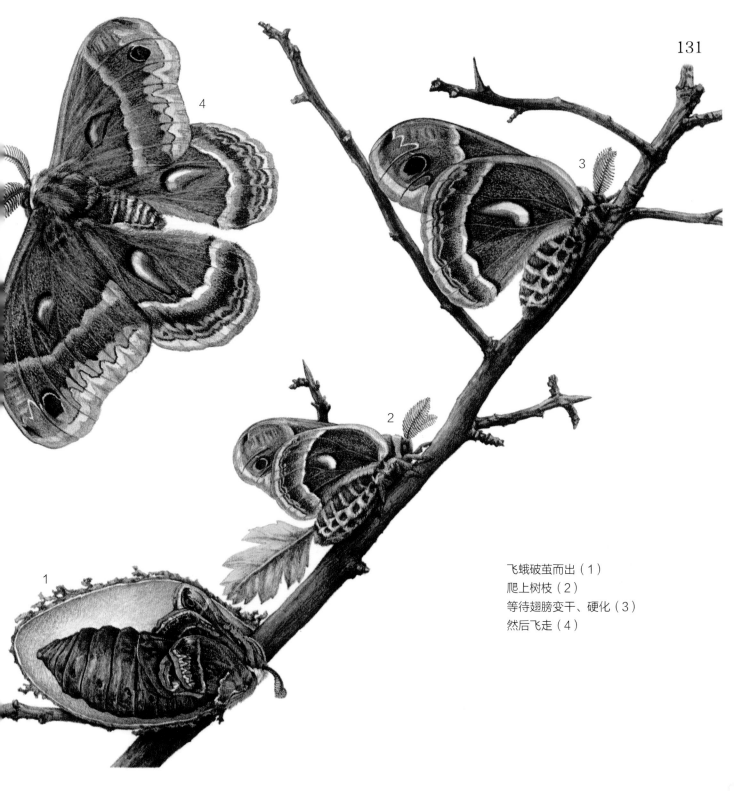

飞蛾破茧而出（1）
爬上树枝（2）
等待翅膀变干、硬化（3）
然后飞走（4）

　　这时蝴蝶和飞蛾就不会再生长了。现在它们只需要活足够长的时间来寻找配偶并产卵。

　　在白天飞行的蝴蝶有一双"大眼睛"，这有利于它们寻找食物及配偶。

　　蝴蝶头部的感觉器官叫作触角，用于分辨食物的气味。

触角

眼睛

虹吸式口器

在夜晚飞行的飞蛾有巨大的羽状触角，这让它可以依靠气味在黑暗中寻找食物和配偶。

蝴蝶和飞蛾只能吸食流质食物。

它们没有嘴，只通过一根叫作口器的长管来啜饮花蜜。口器在不用的时候可以一圈一圈地卷起来。

这幅图展示了一种来自美洲中部的红带袖蝶的生活。

它们早上晒太阳取暖，然后去花丛中吸食花蜜，飞舞着寻找配偶。

雄蝶在交配后不久就会死亡，但雌蝶的生命会维持到产卵之后。

晒太阳

吸食花蜜

寻找配偶

交配

卵

吸食花蜜

雌蝶产卵

这是世界上最大的蝴蝶，它名叫鸟翼蝶，主要分布在新几内亚。

虽然鸟类觉得大多数蝴蝶都很好吃，但有些蝴蝶，如菜粉蝶的味道却相当差。

菜粉蝶飞得很慢，总是很容易被鸟认出。

一旦一只鸟尝过一次菜粉蝶，就不会再想捕食它们了。

菜粉蝶

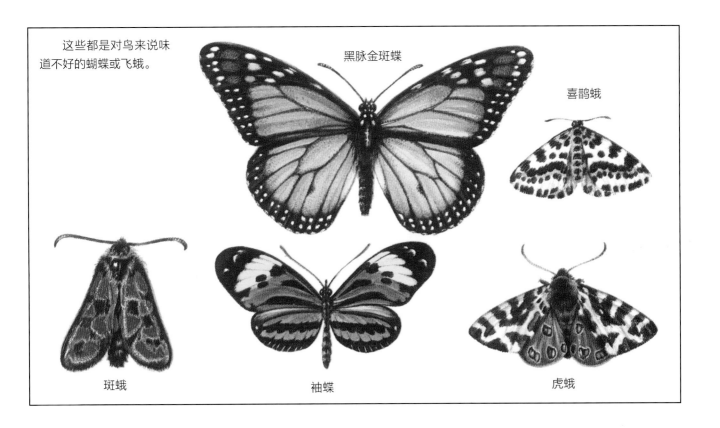

这些都是对鸟来说味道不好的蝴蝶或飞蛾。

黑脉金斑蝶

喜鹊蛾

斑蛾

袖蝶

虎蛾

上一页中味道不好的蝴蝶中有袖蝶。

这里又来了一些蝴蝶，它们看起来都很像。

　　事实上，它们是不同的种类，有些味道一点儿也不差。

　　但是当一只鸟吃了一个味道不好的品种，就会认为其他所有跟它看起来很像的品种也不好吃。

袖蝶

大多数飞蛾和蝴蝶会伪装起来躲避它们的天敌。

这些飞蛾停在树干上时，几乎看不见它们。

斯里兰卡的枯叶蝶把翅膀叠起来时看起来像一片枯叶。

这只飞蛾露出翅膀上的
两只"大眼睛",以吓跑敌人。

这只飞蛾看起来像一只会蜇人的蜜蜂。

这只飞蛾看起来像胡蜂。

这只飞蛾看起来像一只有毒的蜘蛛。

这只蝴蝶有透明的翅膀。

晚上，一群黑脉金斑
蝶的部分成员在休息。

许多蝴蝶都会迁徙。

这种经常能在英国见到的小红蛱蝶来自非洲北部，它们会成群结队地飞往欧洲北部去度过夏天。

来自北美的黑脉金斑蝶会组成更庞大的队伍，飞行更遥远的距离。

小红蛱蝶在迁徙。

如今蝴蝶不像以前那么常见了。

它们过去的许多繁殖地都被摧毁了，大量毛毛虫都被可以杀灭其他害虫的杀虫剂杀死了。

如果有一天所有的蝴蝶和飞蛾都消失了，那将是很悲哀的事情。

蜜蜂与胡蜂

来看看蜜蜂和胡蜂

　　你观察过在花丛中嗡嗡嗡的蜜蜂吗？

　　它们用长长的口器从花的深处啜饮花蜜。花蜜是
一种含糖液体，蜜蜂收集花蜜来制作蜂蜜。

熊蜂在收集花蜜。

　　一些蜜蜂会将细小的黄色粉末收集在后足上，这些粉末叫花粉。

　　一些花粉掉落在其他花上，使它们受精，以便生长成种子。这个过程叫作授粉。

蜜蜂

蜜蜂

　有些种类的蜂会独自生活，但是蜜蜂和许多其他同类共同生活。

　它们在空心树里或岩石下筑巢。

　养蜂人把蜜蜂放在蜂箱里，并收集它们的蜂蜜。

野外的蜂巢

蜂箱

每个巢里有一只蜂后。它的体型最大，会产卵。雄性蜜蜂被称为雄蜂。一只或多只雄蜂会和蜂后交配。

工蜂是雌蜂。它们负责收集食物并照看巢穴。

一只工蜂

触角

口器

刺

长满绒毛的足，用来收集花粉

开始筑新巢

当蜂巢里的蜜蜂太多时，蜂后和其中一半
的蜜蜂会飞走，形成蜂群去建造新的蜂巢。

工蜂们聚集在蜂后周围。

蜂群

工蜂们一起筑巢。它们形成了一条名为"蜡环"的链条形"队伍",并用身体里的蜡来塑造蜂巢。

蜂后马上开始在新的蜂巢中产卵。

蜡环

这些蜜蜂正在接受蜂后的"信息素",这能帮助它们识别自己的巢。

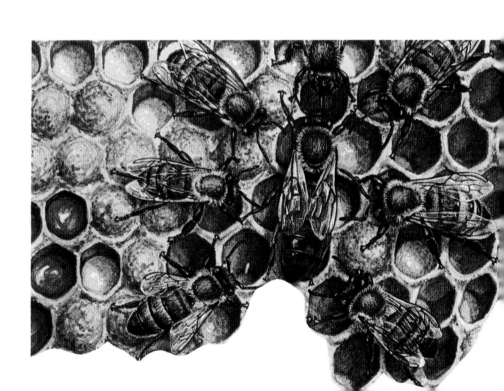

只有一个蜂后

在离开旧巢之前，蜂后在特殊的蜂房里产卵。

育幼室里的幼蜂吃的是蜂王浆，而不是蜂蜜。

现在一位"公主"正在孵化中。

如果另一只"公主"孵化出来，新蜂后会杀死它。

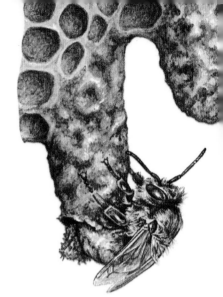

"公主"会成为新蜂后。

新蜂后正在杀死它的竞争对手。

　　到了第 10 天，"公主"开始交配。无数蜜蜂蜂拥而至，包围着它。

　　其中一只或多只能和它交配。

　　现在它可以产卵了。

　　其他的雄蜂对巢穴已经没有价值了。冬季来临之前，工蜂们会把它们赶出去。

　　工蜂在冬季来临之前把雄蜂赶出去。

工蜂的生活

　　在这张图片中，你可以看到一只工蜂刚刚孵化出来（1）。

　　起初它向年长的工蜂索要蜂蜜（2）。

　　3天后，除了蜂蜜，它也可以吃花粉来养活自己了（3）。

　　现在它可以帮忙喂养成长中的幼蜂了。

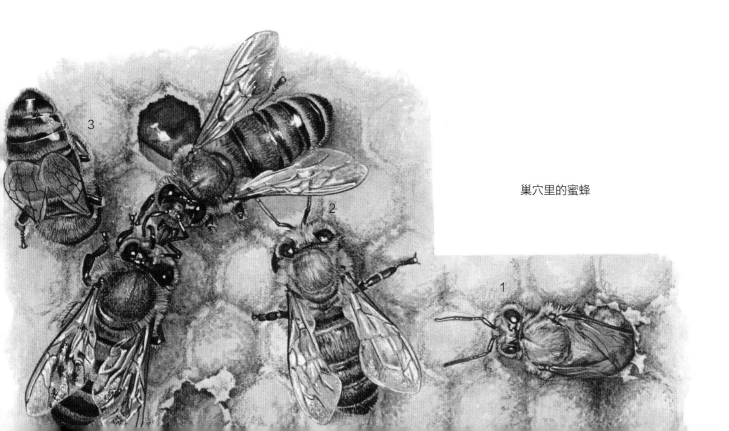

巢穴里的蜜蜂

年轻工蜂用花蜜和花粉喂养幼蜂。

它们把年长的蜜蜂采集的花蜜储存起来。

3周后，它们可以飞出去，为自己收集花蜜、花粉和水了。夏天出生的工蜂只能活5~6个星期。

蜂巢里的活动

这张图片向你展示了蜂巢里发生的事情。

这里大约有 30000 只蜜蜂。

蜂后在蜂巢中产卵（1）。

大约 3 天后它们孵化成幼蜂（2）。

工蜂会喂食幼蜂（3）。

9 天后，幼蜂被密封在蜂巢里的巢室中（4）。

幼蜂在自己周围织茧，现在它们被称为蛹。

蛹变成蜜蜂（5）。

工蜂很快就开始工作了。这只工蜂正在储存花粉（6）。

你能看出其他工蜂在干什么吗？

"公主"正在孵化，也许老蜂后就要离开巢穴了。

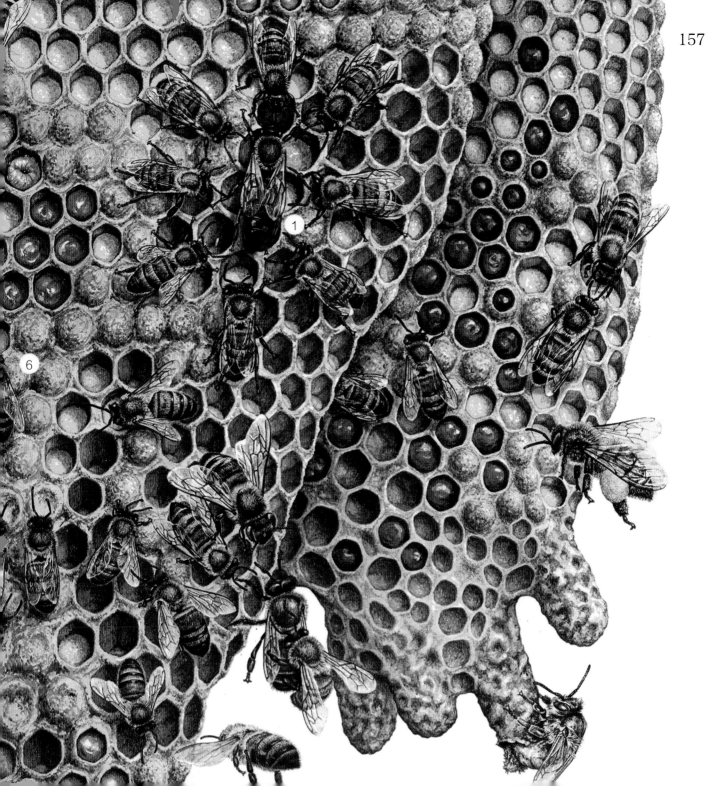

熊蜂

熊蜂

所有的熊蜂都是毛茸茸的。

它们可以在寒冷的北方生存，夏天它们住在巢穴里。

夏天结束时，蜂后开始交配。

蜂后整个冬天都在冬眠，其他的熊蜂则死了。春天来了，蜂后开始独自筑巢。它也可以使用田鼠的旧巢。

蜂后一次产 10 颗左右的卵。当卵孵化时，新的熊蜂会帮助母亲建立更多的巢室来容纳更多的卵。

蜂后在冬眠。

到夏末，蜂巢中大约有 500 只熊蜂了。蜂后现在累了，它产下了一些会孵化出新蜂后和雄蜂的卵，很快它和所有工蜂都会死去。

不同的蜂，不同的巢

　　有些种类的蜂是独居的，这种蜂叫作独居蜂。

　　雌蜂筑巢只是为了把卵放进去。它们储存花粉供幼虫取食，但它们不会酿蜜。独居蜂通常在一些非常奇怪的地方筑巢。

木匠蜂之所以叫这个名字，是因为它们在中空的木头里产卵。它们用咀嚼过的纸浆把巢室分开。

木匠蜂主要生活在热带地区。

如果你看到树叶像是被什么东西咬了几个缺口，那可能是切叶蜂干的。

它会把树叶卷成管状，放入 1 颗卵，并在顶部盖一个完美的盖子。

切叶蜂通常在空心茎中筑巢，但有时也能在空蜗牛壳中发现它们的"叶管"。

切叶蜂

胡蜂

　　你可以从胡蜂的 2 对透明翅膀和"胡蜂腰"来判断胡蜂与蜜蜂属于同一个家族。

　　胡蜂不同于蜜蜂，它们以其他昆虫为食。它们用刺麻痹或杀死其他昆虫。你常见的胡蜂是普通黄胡峰。从冬眠中苏醒后，蜂后开始独自筑巢，幼蜂会倒挂在巢室里。

　　当新工蜂孵化出来时，它们用咀嚼过的昆虫来喂幼蜂。

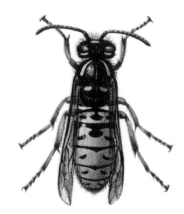

胡蜂

胡蜂用嚼过的木浆筑巢。

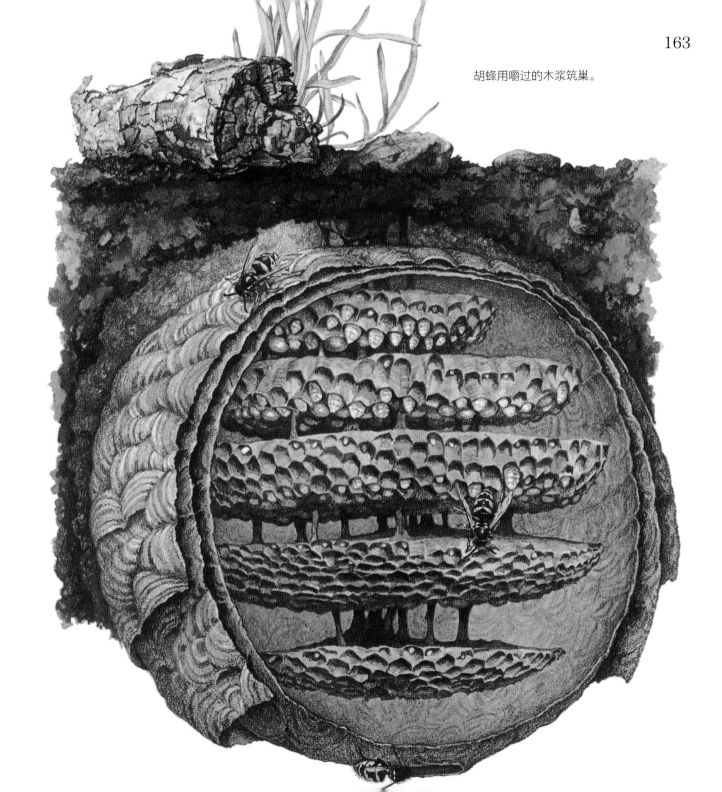

孤独的捕猎者

　　独居的胡蜂必须提供活的昆虫给它们的幼蜂吃。它们为卵和食物建造了一些不寻常的巢穴。

　　蜾蠃的窝像一个泥锅。

　　它把一条不能动弹的毛毛虫推进去，在上面产卵，然后把巢穴的顶部封起来。

　　当幼蜂孵化后，它们以毛毛虫为食。

蜾蠃

　　蜘蛛蜂叮了一只蜘蛛，把蜘蛛麻痹了，然后它挖了一个洞，把蜘蛛放进去，在上面产卵。每产 1 颗卵就需要 1 只蜘蛛。有些蜘蛛蜂会捕捉狼蛛。

蜘蛛蜂

无刺胡蜂

　　这些胡蜂没有"胡蜂腰"也没有刺。相反，它们有一
根长长的产卵管，叫作产卵器。

　　树蜂把卵产在树干里。

　　幼蜂孵化出来后，它们可以像毛毛虫一样四处移动。

　　幼蜂以木材为食，它们喜欢挖洞。

树蜂

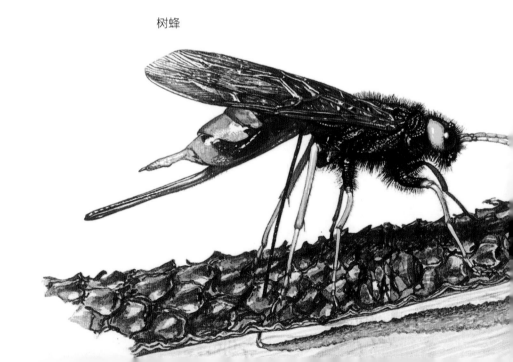

一只姬蜂在一只树蜂幼虫上产卵。姬蜂幼虫吃掉树蜂幼虫，就像它们在树的表面一样进食。

姬蜂

树蜂幼虫

为什么我们需要蜂

胡蜂和蜜蜂是了不起的生物。

胡蜂有助于控制害虫。

蜜蜂为我们提供蜂蜜和蜂蜡。

但是它们最重要的工作是给开花的植物授粉。

没有它们，我们就看不到美丽的野花和缤纷的花园了。

鯨

蓝鲸

座头鲸

长须鲸

塞鲸

露脊鲸

布氏鲸

蓝鲸主要生活在南极寒冷的南部水域。

它是地球上最大的动物。

它的重量可以有 20 多头大象加起来那么重。

这些鲸都是按照同一比例绘制的。

蓝鲸是最大的。

　　这头座头鲸正跃向空中。当它回到水里的时候能溅起巨大的水花。

　　有时鲸会跳起来给配偶留下深刻印象，有时只是为了好玩。

　　这些大家伙会在北极和南极寒冷的极地海洋中度过夏天。

　　在极地的冬季，它们会迁徙到温暖的热带海洋，并在那里繁殖。

虽然鲸生活在水里，但它们不是鱼。

鲸是哺乳动物，一种温血动物，它们会直接产下幼崽，并用母乳喂养幼崽。

下图中的宽吻海豚也和鲸一样，同属鲸目。

　　鱼有鳞片，而鲸的表面是柔软的皮肤。

　　鱼通过鳃呼吸，而鲸有肺，通过头顶
的呼吸孔吸气和呼气。

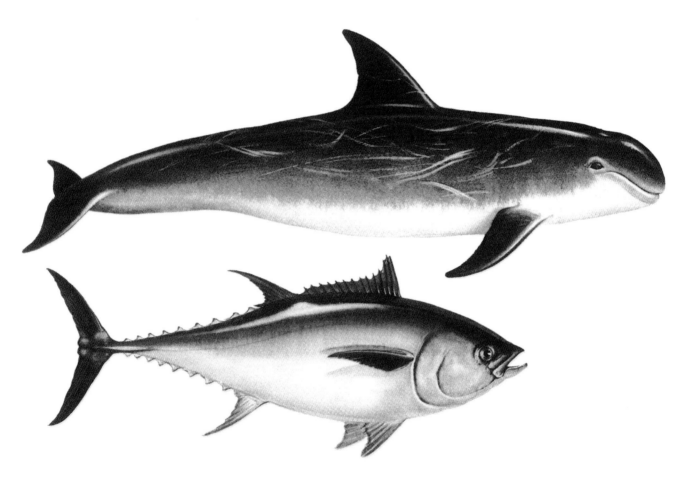

有一个神秘的鲸鱼家族——须鲸，其中的成员都没有牙齿。

取而代之的是，它们嘴里挂着一张"鲸须网"。

这就像一张真正的网，用来捕获它们要吃的虾和其他小型海洋生物（浮游生物）。

露脊鲸

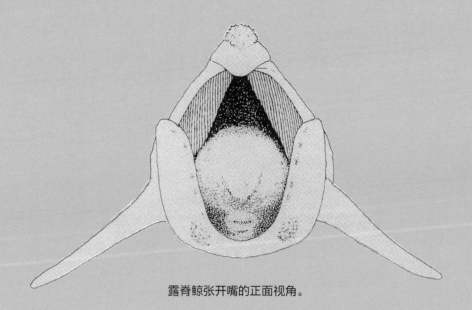

露脊鲸张开嘴的正面视角。

须鲸

178

露脊鲸是早期猎人最常捕捉的鲸类。

它移动缓慢，很容易被鱼叉捕捉到，被捕获时会漂浮起来，很容易被拖上岸。

　　人们曾经用它的鲸骨来制造许多我们现在用
塑料做的东西。

　　它的脂肪被用来照明和取暖，这些鲸被人们
疯狂猎杀，现在已经非常罕见了。

须鲸的游动速度很快，每小时大约能游 32 千米。

然而，大部分时间它们都是懒洋洋地在水面上打滚儿，一边游一边吞下大量浮游生物。

须鲸以群居的方式生活。

须鲸有不同的种类，如蓝鲸和长须鲸。

图中的这些是长须鲸，它们只比蓝鲸小一点。

鲸鱼宝宝可叫作幼鲸。

幼鲸出生时是尾巴先出来的，因为如果它的头先露出来，可能会在到达水面之前就淹死了。

由于幼鲸不会吮吸，母亲会把乳汁喷进它的嘴里。

大多数鲸以家庭为单位活动。图片中的鲸是座头鲸。
它们正游往寒冷的北极水域去避暑。它们有厚厚的脂肪，
被叫作鲸脂，鲸脂能让鲸保持温暖。

抹香鲸不以浮游生物为食，它们以在深海区捕捉到的鱿鱼为食。

因为那里太暗了，所以它们用声波（就像雷达一样）来探测猎物。

抹香鲸可以在水下待 1 个小时而不需要浮出水面呼吸空气。

巨型鱿鱼

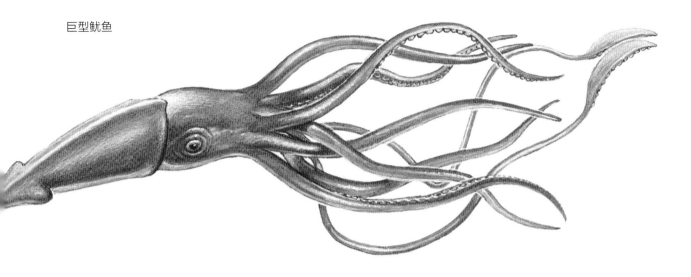

海豚来自和鲸一样的大家族。

大多数海豚生活在世界上温暖的海洋中，以在水面附近捕捉到的鱼为食。

它们通常成群结队地游动。一个海豚群里可能有成千上万只海豚。

海豚有许多不同的种类，这里只展示了其中的几种。

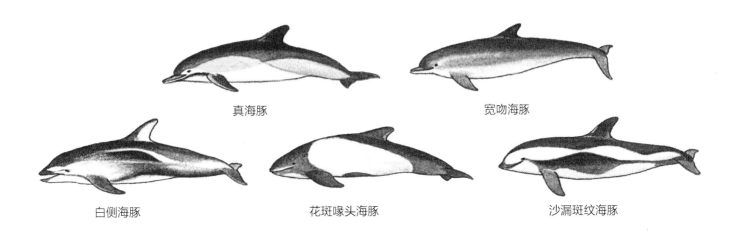

真海豚

宽吻海豚

白侧海豚

花斑喙头海豚

沙漏斑纹海豚

海豚通常对人类很友好。下图是一只名叫欧普的海豚，它生活在新西兰一个城镇附近的海里。

它非常喜欢小孩，有时甚至载着他们在海里来趟短途骑行。

小型鲸类和海豚可以被圈养。

它们能接受技巧训练，并且似乎非常
喜欢自己的工作。

这只领航鲸正跳起来吃鱼，另外两只
海豚正在玩耍。

领航鲸

太平洋短吻海豚

虎鲸[①]是海豚科中体型最大的一种。

它们成群结队地狩猎，通常一支队伍 10 头左右，但有时也有 30 头或 40 头。

它们在北极和南极很常见。

① 虎鲸属于海豚科虎鲸属。

虎鲸吃海豹、企鹅、鱼，甚至其他鲸类。

当它们看到冰面上的企鹅时，会从冰下面冲上去，用头把冰面撞碎，把企鹅拖进水里。

鲸对人类很有价值。

我们可以从鲸身上得到各种各样的材料，用于制作肥皂、油漆、化妆品、药物、染料、肥料、动物食品和胶水等。

但如果我们过度捕杀鲸鱼，它们可能会像恐龙一样灭绝。

爬行动物

这里展示的所有动物都是爬行动物。

爬行动物与鱼、青蛙和蝾螈同样属于冷血动物。

爬行动物会产卵。

它们总是在陆地上产卵。这就让它们与青蛙和蝾螈（两栖动物）有所不同，因为这类生物总是在水里面产卵。

鳄鱼

蜥蜴

蛇

海龟

冷血动物，例如爬行动物，它们的体温与周围的空气温度相同。

它们早上会去晒太阳，等到足够温暖了，才会活跃起来。

如果阳光太炙热，它们就会在白天找个阴凉的地方。

海鬣蜥在晒日光浴。太热的时候，它们会跳进水里。

这条蛇住在没有树荫的沙漠里。
当太阳太晒时，它就把自己埋进沙堆里。

当爬行动物产卵时，它们会找一个温暖安静的地方。

它们有些会把卵埋起来。

爬行动物通常不照顾自己的卵。

幼小的后代一孵化出来就能够照顾自己，不需要任何帮助。

一条蛇在产卵。

一条小猩红蛇正从卵中孵化出来。

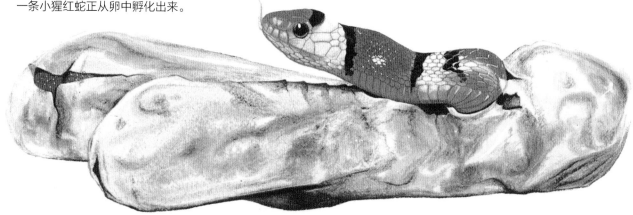

鳄鱼与其他爬行动物不一样。

它们会筑一个大巢产卵，然后保护它们的卵。有些甚至会照顾孩子们一段时间。

但是，爬行动物不会像鸟类或哺乳动物一样喂养它们的幼崽。

一只小鳄鱼孵化出来了。

这只鳄鱼在守卫它造的巢，卵就埋在巢里面。

蜥蜴是最常见的爬行动物。

下面的图片展示了不同种类的蜥蜴。

大多数蜥蜴都很小。

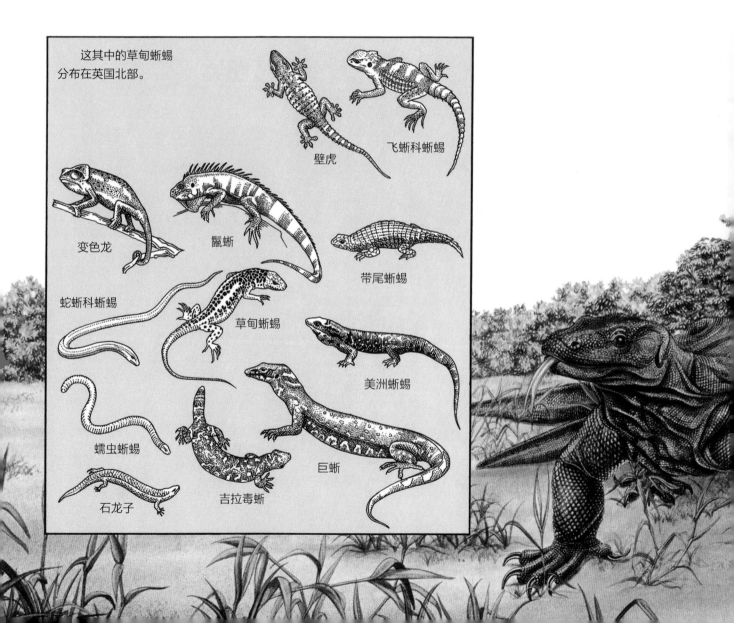

这其中的草甸蜥蜴分布在英国北部。

壁虎

飞蜥科蜥蜴

变色龙

鬣蜥

带尾蜥蜴

蛇蜥科蜥蜴

草甸蜥蜴

美洲蜥蜴

蠕虫蜥蜴

吉拉毒蜥

巨蜥

石龙子

这些科莫多巨蜥是最大的蜥蜴，它们可以长到 3 米长。

成年科莫多巨蜥是肉食动物。

它们会杀死发现的任何无助的生物。

科莫多巨蜥幼崽刚孵化时会爬到树上生活，防止被它们的父母或其他成年科莫多巨蜥吃掉。

下图这些长相奇特的蜥蜴被称为变色龙。它们行动迟缓，舌头黏糊糊的，可以改变颜色以适应所处的环境。

下图中的一只变色龙正在蜕皮。

蛇和蜥蜴经常蜕皮。

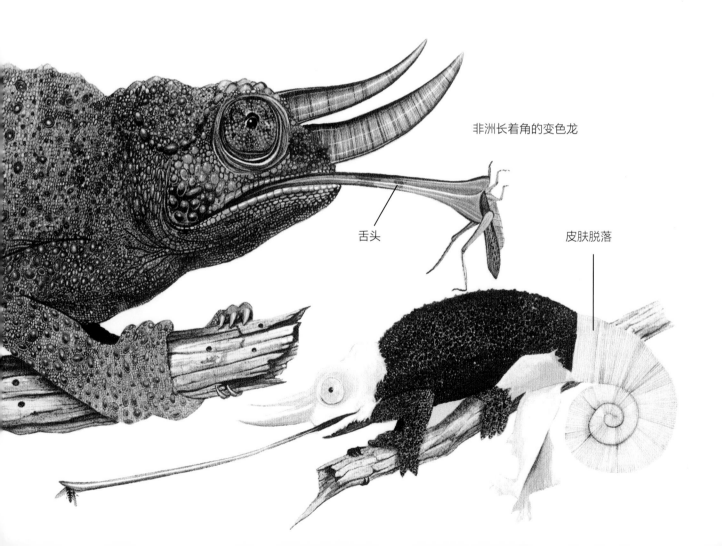

非洲长着角的变色龙

舌头

皮肤脱落

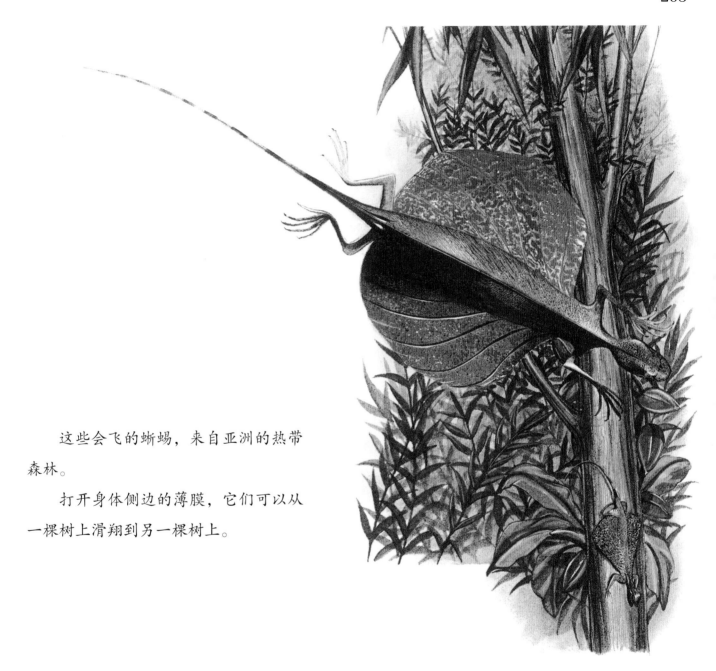

这些会飞的蜥蜴，来自亚洲的热带森林。

打开身体侧边的薄膜，它们可以从一棵树上滑翔到另一棵树上。

非洲树蛇

蛇没有腿，但是它们的腹部有许多宽大的鳞片，鳞片帮助它们在匍匐前进时抓握地面。

蛇尖尖的分叉舌头不是刺，而是用来闻气味的器官。

蛇无法咀嚼，它们必须整个吞下猎物。

它们有特殊的铰链式颌部，能使它们吞下比自己体型更大的动物。

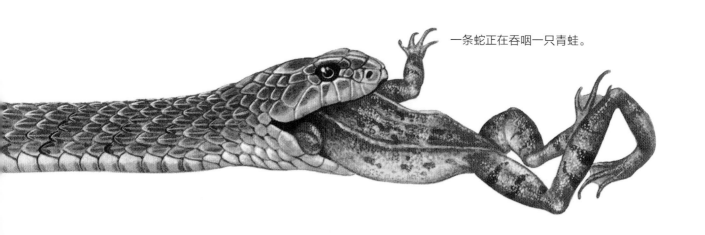

一条蛇正在吞咽一只青蛙。

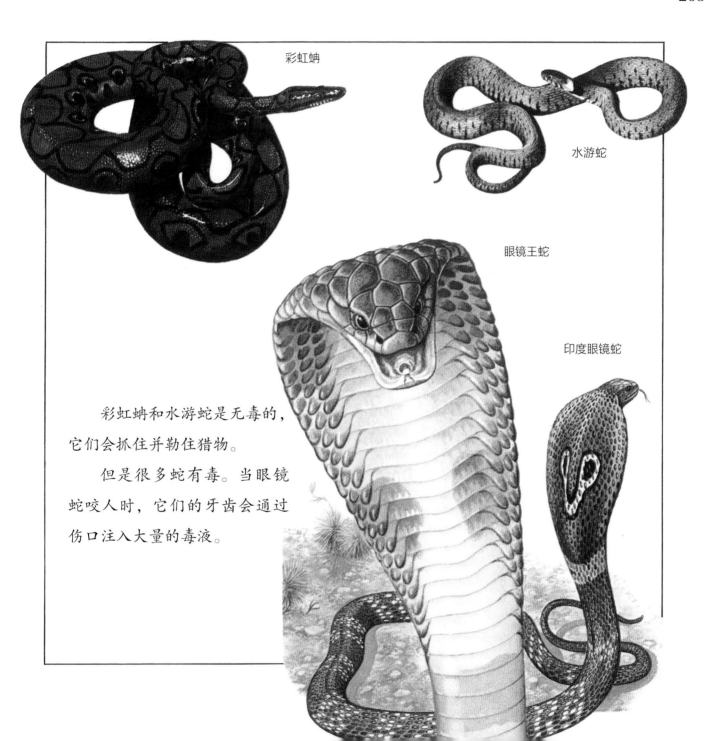

彩虹蚺

水游蛇

眼镜王蛇

印度眼镜蛇

　　彩虹蚺和水游蛇是无毒的，它们会抓住并勒住猎物。

　　但是很多蛇有毒。当眼镜蛇咬人时，它们的牙齿会通过伤口注入大量的毒液。

这是一条正要咬人的毒蛇。

当蛇张开嘴时，它的尖牙向前弹出；闭上嘴时，尖牙会像小刀一样向后折。毒液通过尖牙注入猎物体内。

这条响尾蛇盘绕起来，准备在更格卢鼠靠近时咬住它。

响尾蛇是一种毒蛇。它们摇晃着尾巴，发出嘎嘎声以警告敌人避开。

尾环

响尾蛇

蝰蛇是毒蛇的一种，是在英国发现的唯一的毒蛇。

蝰蛇很害羞，它们只有在受惊时才会咬人。

蝰蛇

加蓬蝰蛇

加蓬蝰蛇来自非洲，它们是最毒的蛇中的一种。

它们很难从树叶间被发现。

这条蟒蛇正在游泳。大多数蛇都是游泳高手。

蟒蛇是最长的蛇类，成年蟒蛇有 6 米长。

蟒蛇一般没有毒，它们会把猎物勒死。

这些蟒蛇被称为"绞杀者"。

鳄鱼、短吻鳄和长吻鳄看起来都非常相似[1]。

它们都住在水边，是优秀的游泳健将。

它们以鱼类为食，但鳄鱼和短吻鳄也在陆地上觅食动物。

长吻鳄

短吻鳄

鳄鱼

---

[1] 鳄目包括鳄鱼及它们的亲缘动物如短吻鳄、长吻鳄等。

鳄鱼会在水中等待来喝水的动物。

接着它们就会抓住猎物，拖到水里，将猎物淹死。

等猎物死后，鳄鱼将它们储存在水下，以它们为食。

世界上所有温暖的海洋里都生活着海龟。

海龟上岸只是为了产卵。

海龟把卵埋在沙滩上，然后回到海里。

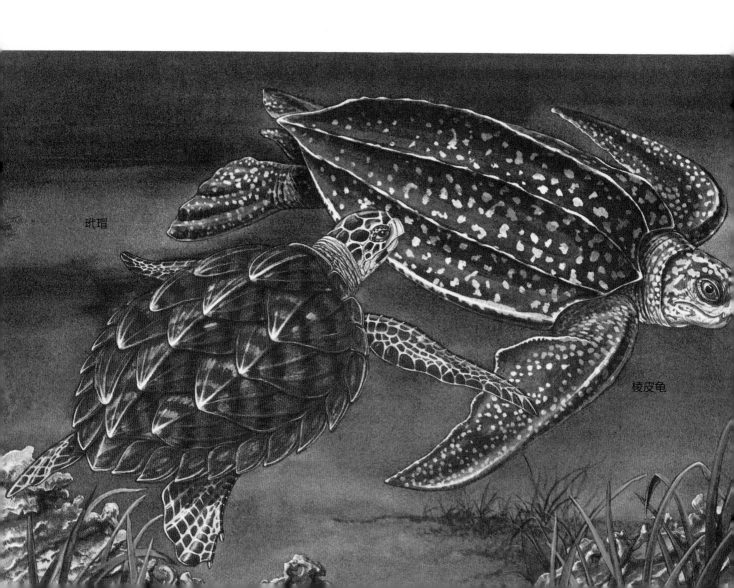

玳瑁

棱皮龟

小海龟孵化出来后，会自己在沙子里挖出一条通道爬出来，然后爬进海里游走。

它们成年后，会再回来产卵。

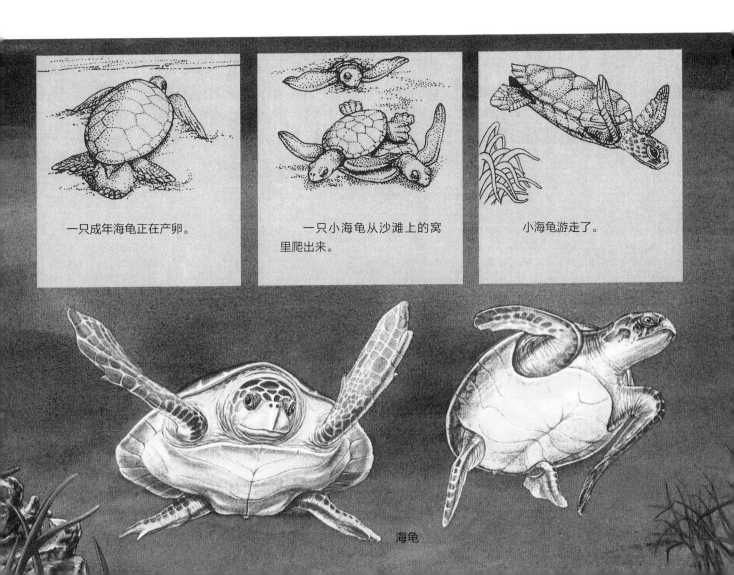

一只成年海龟正在产卵。

一只小海龟从沙滩上的窝里爬出来。

小海龟游走了。

海龟

淡水龟生活在气候温暖地区的池塘、沼泽、
湖泊和河流里。

图中所有淡水龟都来自美国佛罗里达州。

一些小淡水鳖被称为甲鱼。

咸水龟通常会被当作室内宠物。

只有陆龟才能在凉爽的户外生活，但它们在寒冷的冬天也需要待在室内。

陆龟生活在陆地，我们在花园里养的那些都很小。

象龟可以长到 160 千克。

麝香龟

咸水龟

巴西红耳龟

　　许多人害怕爬行动物并猎杀它们，但大多数爬行动物是无害的。

　　它们有生存的权利。

　　爬行动物在地球上生活了 3 亿多年。恐龙也是爬行动物。今天所有活着的鸟类和哺乳动物，都是远古爬行动物的后代。

恐　龙

恐龙是早在人类出现之前就生活在世界各地的史前爬行动物。它们的形态和大小各不相同。

科学家告诉我们，第一批恐龙出现在大约2.5亿年前。在接下来的1亿多年里，它们正常地繁衍生息，之后却突然灭绝了，而灭绝原因仍存在学术争议。

霸王龙

三角龙

美颌龙

腕龙

翼龙

翼龙是最早的飞行生物之一，它们和恐龙生活在同一时代，但它们并不是恐龙。

林蜥

林蜥是最原始的爬行动物之一。恐龙也是爬行动物，是像林蜥的动物的后代。爬行动物大多需要靠外界的温度使自己的身体变暖。

在爬行动物出现之前，大多数动物生活在水里，并在水里产下外壳像果冻一样的卵。大多数爬行动物可以在陆地上产卵，因为它们的卵有坚硬的外壳，能防止脱水。很多鳄鱼和现代爬行动物生活在水里，但它们却在陆地上产卵。

早期的爬行动物生活在河流和湖泊的边缘，会攻击和捕食任何来喝水的弱小动物，就像今天的鳄鱼一样。

当恐龙来到陆地上时，它们学会了运用两条后腿以一种新的方式移动和捕猎。

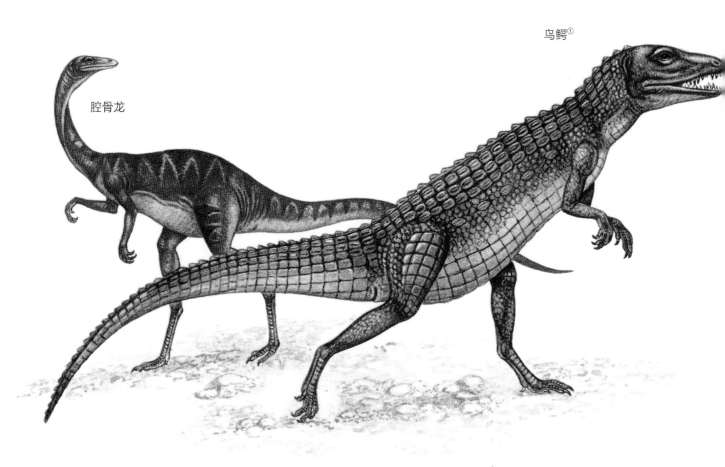

鸟鳄①

腔骨龙

---

① 鸟鳄不是恐龙，但与恐龙类关系较近。

鸟鳄利用它的两条后腿捕猎，很容易就
捕到了行动缓慢的水龙兽。

随着恐龙的演化，一些恐龙成为食草恐龙。

为了保护自己不受食肉恐龙的伤害，有些食草恐龙长得硕大无朋。最大的食草恐龙体重比 20 头大象都重。

翼手龙

迷惑龙

美颌龙

这些巨大的恐龙是群居动物。

这样也有助于保护它们免受食肉恐龙的侵害。

它们住在沼泽地。因为它们体型太大了，只能慢慢地移动。它们用前脚在河床上行走，同时用后脚和尾巴划水来游泳。

小型食草恐龙，如棱齿龙，依靠它们的速度和敏捷度生存。

用四条腿行走的大型食草恐龙身形庞大，这对于食肉的恐爪龙来说，要捕食这类恐龙很不容易。

小而凶猛的恐爪龙有时被称为"利爪龙"。

棘龙

恐爪龙

棱齿龙

一些食草恐龙，如前面提到的棘龙，为了保护背部，它们的背上覆盖着骨质板。

有些恐龙还用刺来抵御敌人。

剑龙

这些恐龙的尾巴末端也有尖刺，用来抵御攻击者。

钉状龙

在恐龙时代晚期，出现了一类食草恐龙——三角龙，它们长着喙状的嘴和强有力的牙齿。

它们用嘴和牙齿来撕裂坚硬的植物。它们的角是用来击退敌人的，也用于雄性恐龙间的力量对决。

三角龙

鸭嘴龙

鸭嘴龙（右图）是非常成功的恐龙，在世界各地用许多不同的方式持续演化。

它们最大的特点是头顶长有突出的骨冠。

它们能在敌人到来之前闻到它的气味。

霸王龙是最大的食肉恐龙之一。

霸王龙的两只前腿力量太弱了，不能用来捕杀猎物。

也许，霸王龙的前腿是用来"剔牙"的。

霸王龙可能是用前腿帮助自己站起来。

大部分凶猛的恐龙都是大型食肉动物。

它们又大又重，移动缓慢，捕猎时总是看上去不太积极。

它们会攻击任何它们遇到的恐龙，并且兼具食腐性，会吃已死亡或垂死的恐龙。

异特龙用牙齿撕碎猎物的肉。

剑龙

异特龙

大型食肉恐龙只用它们巨大的后腿和爪子来攻击和杀死它们的猎物。它们的牙齿和前腿太弱，不能用来捕食还活着并且在挣扎的猎物。这只凶猛的异特龙正在攻击一种食草恐龙——剑龙。剑龙背部有骨质板，尾巴末端有尖刺，可以抵御敌人。但无论是骨质板，还是具有威胁性的尖刺，饥饿的异特龙似乎并不在乎这些。

风神翼龙是最后一种翼龙，同时也是最大的一种翼龙，它有一双巨大的翅膀和一个很小的身体。风神翼龙不会飞，但是能够滑翔。它就像一只秃鹫，在天空中翱翔，当它发现一具尸体时就会俯冲下来。

始祖鸟是恐龙的一个长有羽毛的亲戚。它的飞行方式与现代的鸟不同，和翼龙一样，它也是在空中滑翔。在地面上，翼龙很笨拙，因为它们的翅膀不能收起，会挡住去路。然而，始祖鸟可以收起翅膀，像它的表亲美颌龙一样用后腿奔跑。

美颌龙

始祖鸟

　　恐龙在 6500 万年前就灭绝了，但它们的一些亲戚到现在还活着。鳄鱼是最后一批幸存下来的爬行动物，而恐龙就是由早期爬行动物演化而来的。

　　鸟类不是爬行动物，但它们与恐龙的关系比其他任何存活的动物都要密切。

你很难想象看到的鸟与恐龙的
关系是那么近。

从来没有人见过任何一只活着的恐龙。

我们只能从化石遗骸中了解关于它们的一切。

它们的骨骼和骨架化石告诉我们它们有多大，长什么样。有时甚至它们的皮肤也被保存了下来。

它们的牙齿化石告诉我们它们是食草动物还是食肉动物，在食物残渣中甚至还发现了一些骨骼。

恐龙的脚印告诉我们它们是如何移动的。

猿 类

猴子

大猩猩

人类、猿类和猴子都属于灵长目。

早期人类

人类、猴子和猿在数百万年前有着共同的祖先。这就是我们今天看起来如此相似的原因。猿和人类不同于猴子，没有尾巴，手臂更长，大脑更发达。

类人猿是指大猩猩、红毛猩猩、黑猩猩和长臂猿。

长臂猿

黑猩猩

红毛猩猩

长臂猿是类人猿中体型最小、重量最轻、动作最迅捷的一种猿。它们用一种特殊的方式在树林中移动。

它们经常在最高的树枝间来回摆动。

长臂猿生活在东南亚雨林的高大树木中。

长臂猿的脚能够像我们的手一样紧握住物体，可以像走钢丝的人一样沿着树枝跑。它们会伸出两只手臂帮助它们保持平衡。

大猩猩是最大的大型类人猿。

一只完全成熟的雄性大猩猩直立站立能超过 1.8 米高。

雄性大猩猩在 12 岁时完全成熟。

这是一个大猩猩家族。

大型类人猿——大猩猩、黑猩猩和红毛猩猩都比长臂猿大。

大猩猩和黑猩猩生活在非洲，红毛猩猩来自东南亚的婆罗洲和苏门答腊岛。

大型类人猿看起来几乎和人类一样，尤其是黑猩猩。

黑猩猩

今天你可以在动物园里看到红毛猩猩，但它们在野外非常罕见。

这个红毛猩猩家族由父亲、母亲和孩子组成。

雄性红毛猩猩的下巴和脸颊下都有皮囊。在马来语中，红毛猩猩这一名称是"森林老人"的意思。

它们满脸皱纹，头发稀疏，看起来确实很像和蔼的老人。

如今人们在婆罗洲和苏门答腊岛上都发现了红毛猩猩。

它们曾生活在亚洲大陆，但在那里生活的红毛猩猩都被猎人捕杀光了。

红毛猩猩非常安静地生活在野外。
和长臂猿一样，它们生活在热带雨林中。

然而，与长臂猿不同的是，红毛猩猩体积很大，行动缓慢而谨慎。

红毛猩猩在树上移动的时候先是一只脚放开树枝，然后用两只手和另外一只脚抓住树枝。

小红毛猩猩看起来很可爱，不幸的是它们被动物"收藏家"盯上了。猎人杀死红毛猩猩母亲，偷走它们的幼崽，即使母亲死了，幼崽也会紧紧地抱住它。

19世纪人们在中非森林首次发现大猩猩时，认为它们是可怕的动物。

事实上，大猩猩是一种非常害羞的群居动物。一个大猩猩群的首领是一只年长的雄性银背大猩猩。

因为体型太大了，大猩猩需要吃很多东西。

它们把大部分时间花在收集赖以生存的植物上。

大猩猩用它们的指关节当作脚来走路。

254

　　尽管外表看起来很凶猛，但是成年雄性大猩
猩却非常温顺。

　　它有时会跳一种凶猛的舞蹈——大声叫喊，
咀嚼树枝，捶胸顿足，但是这其实只是一种表演。
大猩猩可以直立行走，但它们通常用四肢行走。

山地大猩猩的体毛比低地大猩猩厚，因为它们生活的地方气候更寒冷。

大猩猩有 2 种。

低地大猩猩生活在西非森林里，山地大猩猩生活在中非扎伊尔和乌干达的山坡上。

这群山地大猩猩正在森林边缘的灌木丛中寻找食物。

孩子们紧紧地贴在母亲的背上。

黑猩猩是大多数人最熟悉的一种类人猿。

它们来自西非和中非，生活在热带雨林和草原边缘的树林中。黑猩猩主要以水果和蔬菜为食，当缺乏这些食物的时候，它们会吃动物。它们通常过着群居生活，群体由少数雄性领导。

当黑猩猩找到了丰盛的食物时，它们会因为太兴奋而尖叫并拍打胸膛。

黑猩猩是一种友好、善于交际的动物，但非常吵闹。

雌性黑猩猩比雄性黑猩猩安静。

幼崽和它们的母亲待在一起，直到 6 岁。年幼的小猩猩抓着它们母亲胸前的毛，挂在它们身上。

黑猩猩经常互相牵手、梳理毛发。

大一点的幼崽骑在母亲的背上移动。

相互梳毛的黑猩猩们。

在所有动物中，类人猿的智商非常高，而黑猩猩可能是类人猿里最聪明的。

它们能解决简单的问题，而且很快就能模仿和学习。

但是它们不能长时间专注在某件事情上。

这只黑猩猩学会了使用武器。
它向狒狒扔石头以赶走它们。

这些黑猩猩正在做一些被认为是人类才会做的事情——使用工具。

它们正将草梗戳进白蚁窝里，这样，白蚁会附着在草梗上。接着，黑猩猩把草梗拔出来吃上面的白蚁。

今天，许多人在人工饲养环境和自然环境中研究猿类。

关于这些拥有高度智慧的动物和我们在动物界的近亲，还有很多知识需要我们学习。